I0410136

¿QUÉ ES ESA COSA LLAMADA LEAN?

Historias de mejora continua

Javier Olivares

Dedicatoria:

A mi amada esposa, Yissel Puello, y a nuestro pequeño y valiente explorador, Santiago Olivares. Esta obra está dedicada a ustedes, quienes llenan mi vida de amor, inspiración y alegría. Gracias por su apoyo inquebrantable y por ser mi fuente constante de motivación.

Prólogo

La mejora continua es un viaje fascinante, un viaje que nos lleva desde la inquietud por el estado actual hasta la búsqueda constante de la excelencia. En este libro, "¿Qué es esa cosa llamada Lean?: Historias de mejora continua", nos sumergiremos en el emocionante mundo de Lean, una metodología que ha transformado innumerables organizaciones en todo el mundo y que ha dejado una profunda huella en mi propia vida.

A lo largo de estas páginas, compartiré con ustedes ocho historias inspiradoras que nos llevarán a través de diferentes sectores industriales, desde la avicultura hasta la fabricación de autopartes, y nos mostrarán cómo la filosofía Lean puede influir de manera significativa en la forma en que operamos, mejoramos y prosperamos en nuestros empeños.

Cada historia nos presentará un conjunto único de desafíos y obstáculos que enfrentaron individuos valientes y equipos comprometidos. Veremos cómo, a través de la aplicación de principios Lean, pudieron superar obstáculos, mejorar la eficiencia, elevar la calidad y alcanzar niveles de excelencia que parecían inalcanzables en un principio.

Pero este libro es más que una colección de historias; es una invitación a la reflexión y la acción. A medida que navegamos a través de estas páginas, les animo a pensar en cómo los principios Lean podrían aplicarse en sus propias vidas y en sus propias organizaciones. Aprenderemos juntos que la mejora continua no se trata solo de herramientas y técnicas, sino de una mentalidad, una cultura y un compromiso para buscar siempre un mejor camino.

Agradezco a mi amada familia, mi esposa Yissel y mi hijo Santiago, por su apoyo inquebrantable en esta travesía. También a mis padres, hermanos y todos aquellos que han influido en mi vida y me han inspirado a compartir estas historias con el mundo.

Que este libro les inspire y les motive a abrazar la mejora continua en todas las áreas de sus vidas. Como dice el antiguo proverbio Lean: "No hay final para la mejora". Que estas historias les recuerden que, sin importar cuán desafiantes sean los obstáculos, siempre hay una forma de avanzar hacia la excelencia.

Con entusiasmo y gratitud,

Javier Olivares

Contenido

Historia 1: "Optimizando la Producción en una Granja Avícola"

En una pequeña granja avícola familiar ubicada en las colinas pintorescas de la región, Juan Martínez se enfrentaba a un desafío que lo mantenía despierto por las noches. Como dueño de "Granja Aves Felices", Juan tenía una pasión profunda por la cría de pollos de alta calidad. Sin embargo, su negocio estaba lidiando con una serie de problemas que amenazaban su viabilidad.

Juan había heredado la granja de su abuelo, quien le enseñó los secretos de criar pollos sanos y felices. Durante años, la granja fue conocida por su carne de pollo fresca y sabrosa, y muchos clientes locales se habían convertido en fieles compradores. Pero en los últimos años, la eficiencia de la granja había disminuido, y los costos de producción habían aumentado drásticamente.

El desafío más apremiante que enfrentaba Juan era la ineficiencia en el proceso de alimentación de los pollos. El método tradicional que habían utilizado durante generaciones implicaba que los trabajadores caminaran por los corrales con grandes bolsas de alimento, distribuyendo la comida manualmente. Esto no solo era laborioso, sino que también resultaba en un desperdicio significativo de alimento, ya que no todos los pollos comían al mismo tiempo.

Juan sabía que algo tenía que cambiar si quería mantener viva la granja y preservar la herencia de su abuelo. Fue entonces cuando se topó con la metodología Lean en un libro que leyó durante un viaje de negocios. La idea de eliminar el desperdicio y optimizar los procesos resonó en él. Decidió que era hora de aplicar esos principios en su granja.

El Desafío: Reducir el Desperdicio y Aumentar la Eficiencia en la Alimentación de los Pollos

El primer paso que dio Juan fue reunir a su equipo y hablarles sobre su visión de mejorar la granja. Les explicó la metodología Lean y cómo podría aplicarse a su negocio. Todos los miembros del equipo estaban dispuestos a probar algo nuevo y aceptaron el desafío.

El primer segundo paso en la implementación de Lean en la granja fue realizar un análisis en profundidad del proceso de alimentación de los pollos. Se observó cada paso, se midieron los tiempos y se identificaron las áreas de desperdicio. Lo que encontraron fue revelador: el tiempo que se perdía caminando por los corrales con las bolsas de alimento y la falta de control sobre la cantidad de comida dispensada eran los principales problemas.

La Solución Lean: Implementación de un Sistema de Flujo Continuo

Basándose en los principios Lean, Juan y su equipo desarrollaron un nuevo sistema de alimentación de pollos. En lugar de caminar por los corrales con bolsas de alimento, instalaron una serie de tuberías y alimentadores automáticos que dispensaban el alimento de manera constante y controlada. Esto eliminó la necesidad de que los trabajadores caminaran de un lado a otro y redujo el desperdicio de alimento.

Además, implementaron un sistema de monitoreo en tiempo real que les permitía controlar el consumo de alimento de cada corral y ajustar la cantidad de manera precisa. Esto aseguraba que todos los pollos recibieran la cantidad adecuada de comida, mejorando la uniformidad en el crecimiento y reduciendo el desperdicio.

Resultados Asombrosos: Mayor Producción, Menor Desperdicio y Pollos Más Saludables

Los resultados de la implementación de Lean en la granja fueron sorprendentes. La producción de pollos aumentó significativamente debido al crecimiento más uniforme y al menor desperdicio de alimento. Los costos de alimentación se redujeron en un 20% en el primer año, lo que contribuyó a una mejora sustancial en la rentabilidad.

Pero no se trataba solo de los números. Los pollos en la granja estaban más saludables que nunca. La uniformidad en su crecimiento se tradujo en una calidad de carne más consistente, lo que hizo que los clientes estuvieran aún más satisfechos. Además, el equipo de la granja estaba más motivado que nunca, sabiendo que estaban haciendo un trabajo más eficiente y sostenible.

Lecciones Aprendidas: La Importancia de la Mejora Continua

La historia de Juan y su granja es un ejemplo inspirador de cómo la metodología Lean puede aplicarse con éxito en cualquier entorno, incluso en una granja avícola. Juan aprendió que la mejora continua es esencial para mantener la viabilidad de su negocio y preservar la herencia familiar.

En el transcurso de unos pocos años, la granja pasó de luchar por sobrevivir a ser un modelo de eficiencia y calidad en la cría de pollos. La implementación de Lean no solo mejoró la rentabilidad de la granja, sino que también fortaleció las relaciones con los clientes y aumentó la satisfacción del equipo.

La historia de "Granja Aves Felices" es un recordatorio de que la mejora continua es un proceso constante. Juan y su equipo siguen buscando formas de optimizar sus operaciones y mantenerse a la vanguardia de las mejores prácticas en la cría de pollos. Su compromiso con la excelencia en la producción de alimentos es un ejemplo para otros agricultores y empresarios, demostrando que incluso en los entornos más tradicionales, Lean puede marcar la diferencia.

Conclusiones: Un Futuro Brillante para "Granja Aves Felices"

Hoy en día, "Granja Aves Felices" se ha convertido en un modelo de referencia en la cría de pollos de alta calidad. Juan Martínez ha compartido su historia de éxito en conferencias y talleres de mejora continua, inspirando a otros agricultores a aplicar los principios Lean en sus operaciones.

La granja no solo ha sobrevivido, sino que ha prosperado y está mirando hacia un futuro brillante. La historia de Juan y su granja avícola es un recordatorio de que, independientemente del sector en el que te encuentres, la mejora continua puede llevar a resultados asombrosos. Con dedicación, visión y un compromiso constante con la excelencia, cualquier negocio puede transformarse y prosperar en un mundo cada vez más competitivo.

Historia 2: "Reducción de Residuos en una Planta Procesadora de Aves"

En las afueras de una pequeña ciudad, se encontraba la planta procesadora de aves "AviProcesa", una empresa dedicada a la producción de carne de pollo y pavo de alta calidad. Durante años, habían sido un pilar en la comunidad, proporcionando empleo y productos alimenticios a la región. Sin embargo, la empresa estaba luchando con un problema que había estado creciendo a lo largo del tiempo: la cantidad de residuos generados durante el proceso de procesamiento de aves.

María Rodríguez, la gerente de operaciones de AviProcesa, había trabajado en la planta durante más de una década. Había visto cómo la empresa crecía y se expandía, pero también cómo los problemas relacionados con la gestión de residuos se volvían cada vez más prominentes. Los montones de plumas, vísceras y otros subproductos de la producción se estaban acumulando rápidamente, lo que generaba costos significativos de eliminación y preocupaciones ambientales.

El Desafío: Residuos en Aumento y Costos de Eliminación

El desafío más apremiante que enfrentaba María era la cantidad de residuos generados en la planta. A medida que la producción crecía para satisfacer la demanda del mercado, la acumulación de plumas y vísceras también crecía, lo que resultaba en una mayor necesidad de espacio de almacenamiento y costos de eliminación.

Además de los problemas económicos, María también era consciente de la responsabilidad ambiental de la empresa. AviProcesa había estado operando en la misma ubicación durante décadas, y la comunidad circundante dependía de la salud de su entorno natural. La acumulación de residuos no solo era un problema financiero, sino que también amenazaba la reputación de la empresa y su relación con la comunidad local.

La Solución Lean: Identificar y Eliminar el Desperdicio

Ante estos desafíos, María decidió tomar medidas. Después de investigar varias metodologías de mejora continua, optó por aplicar los principios Lean en la planta. La filosofía de eliminar el desperdicio y optimizar los procesos resonaba con la situación de AviProcesa.

El primer paso fue formar un equipo de mejora continua compuesto por empleados de diferentes áreas de la planta. María creía en la importancia de involucrar a todos los niveles de la organización para tener éxito en cualquier proyecto de mejora.

Luego, el equipo de mejora realizó un análisis detallado del proceso de producción y la gestión de residuos. Observaron cada paso del proceso, desde la recepción de las aves hasta el empaquetado de los productos finales. Registraron cómo se manejaban las plumas y las vísceras, cómo se almacenaban y cómo se transportaban para su eliminación. Lo que descubrieron fue que había múltiples oportunidades para reducir el desperdicio. En particular, se dieron cuenta de que una gran cantidad de plumas y vísceras podrían ser reutilizadas o recicladas de alguna manera en lugar de ser eliminadas por completo. Uno de los cambios clave que implementaron fue un sistema de segregación de residuos. En lugar de mezclar todos los residuos en un solo contenedor, se establecieron áreas de almacenamiento separadas para diferentes tipos de residuos, como plumas, vísceras y otros subproductos. Esto permitió un manejo más eficiente y efectivo de los residuos.

Otra iniciativa importante fue buscar oportunidades para reciclar los residuos. Se asociaron con empresas locales que podían convertir las plumas en productos útiles, como almohadas y rellenos para edredones. Las vísceras se destinaron a la producción de alimentos para mascotas y fertilizantes orgánicos. Estas iniciativas no solo redujeron los costos de eliminación, sino que también generaron ingresos adicionales para la empresa. AviProcesa comenzó a vender productos derivados de los residuos, lo que contribuyó a la mejora de su situación financiera.

Resultados Asombrosos: Reducción de Costos y Reputación Mejorada

Los resultados de la implementación de Lean en AviProcesa fueron notables. En el primer año, la planta logró reducir los costos de eliminación de residuos en un 40%. Esto se tradujo en un aumento significativo en la rentabilidad de la empresa.

Además de los beneficios financieros, la reputación de AviProcesa mejoró notablemente en la comunidad local. La planta se convirtió en un modelo de responsabilidad ambiental y sostenibilidad. Los residentes cercanos ya no veían montones de residuos acumulándose en el lugar, y la empresa comenzó a recibir elogios por su compromiso con el medio ambiente.

Lecciones Aprendidas: La Importancia de la Sostenibilidad

La historia de AviProcesa es un testimonio del poder de la mejora continua y la sostenibilidad en los negocios. María y su equipo demostraron que incluso en una industria tradicional como la procesamiento de aves, es posible reducir el desperdicio y mejorar la rentabilidad al mismo tiempo.

La gestión eficiente de los residuos no solo ayudó a AviProcesa a reducir costos y generar ingresos adicionales, sino que también fortaleció su posición en la comunidad y su reputación en el mercado. La empresa pasó de ser un problema ambiental a convertirse en un modelo de responsabilidad.

Conclusiones: Un Futuro Sostenible para AviProcesa

Hoy en día, AviProcesa se enorgullece de su compromiso con la sostenibilidad y la mejora continua. La empresa ha establecido estándares más altos en la industria en términos de gestión de residuos y responsabilidad ambiental.

La historia de María y AviProcesa demuestra que la sostenibilidad no es solo un objetivo ético, sino también una estrategia inteligente de negocio. La reducción de residuos y la gestión eficiente de los recursos pueden generar beneficios económicos y mejorar la reputación de la empresa.

AviProcesa sigue buscando formas de mejorar su proceso y reducir aún más los residuos, demostrando que la mejora continua es un viaje constante hacia un futuro más sostenible y rentable. La historia de la planta procesadora de aves es un recordatorio de que, independientemente del sector, la aplicación de principios Lean y la sostenibilidad pueden llevar a resultados asombrosos. Con dedicación y una visión a largo plazo, cualquier empresa puede transformarse y prosperar en un mundo cada vez más consciente del medio ambiente.

Historia 3: "Reduciendo Desperdicios en una Panadería Artesanal"

En el tranquilo pueblo de San Lorenzo, en el corazón de la región avícola, se encontraba la granja familiar "Aves de Éxito". Durante décadas, esta granja había sido conocida por producir aves de corral de alta calidad. Sin embargo, a medida que el tiempo avanzaba, surgieron desafíos que pusieron en peligro la sostenibilidad del negocio. Fue en medio de estas dificultades que Roberto Gómez, el propietario de la granja, decidió emprender un viaje de transformación.

La granja de aves de corral había sido fundada por los abuelos de Roberto y se había transmitido de generación en generación. A pesar de la rica tradición y el orgullo que rodeaban al negocio, Roberto se enfrentaba a un desafío que amenazaba su supervivencia: la eficiencia en la producción. A medida que la demanda de carne de pollo y otros productos avícolas aumentaba, la granja se encontraba en una encrucijada.

El Desafío: Eficiencia en la Producción y Calidad del Producto

El principal desafío que enfrentaba Roberto era la eficiencia en la producción. La granja operaba con métodos tradicionales que habían sido pasados de generación en generación, pero estos métodos ya no eran suficientes para satisfacer la demanda del mercado y mantener los costos bajos. Además, la calidad del producto estaba disminuyendo gradualmente debido a la falta de control y estandarización en los procesos de producción.

La competencia en el mercado avícola era feroz, y Roberto se dio cuenta de que si no mejoraba la eficiencia de su granja, corría el riesgo de perder clientes y, eventualmente, el negocio que tanto amaba. Fue entonces cuando decidió que era hora de explorar nuevas formas de hacer las cosas.

La Solución Lean: Aplicar Principios de Mejora Continua

Roberto había oído hablar de la metodología Lean a través de un amigo que había utilizado estos principios para mejorar su empresa de logística. Después de investigar más sobre Lean y cómo podría aplicarse a la producción avícola, Roberto estaba convencido de que esta filosofía de mejora continua podría ser la clave para resolver los desafíos de su granja.

El primer paso que dio fue reunir a su equipo y explicarles su visión de mejorar la granja. Les habló sobre los principios Lean y cómo podrían aplicarse a la producción de aves. A pesar de que algunos miembros del equipo eran escépticos al principio, estaban dispuestos a probar algo nuevo por el bien de la granja.

El siguiente paso fue realizar un análisis detallado del proceso de producción en la granja. El equipo observó cada paso, desde la recepción de los pollitos hasta el empaque de los productos finales. Registraron meticulosamente los tiempos de producción, identificaron cuellos de botella y buscaron áreas donde se perdía tiempo y recursos innecesarios.

Lo que descubrieron fue esclarecedor. Había muchas oportunidades para mejorar la eficiencia en la granja. Por ejemplo, notaron que el proceso de alimentación de los pollos se realizaba de manera desorganizada y que se desperdiciaba una cantidad significativa de alimento. Además, los tiempos de limpieza y desinfección de las instalaciones no estaban optimizados, lo que provocaba retrasos en la producción.

Con los datos y observaciones en mano, el equipo de mejora de Aves de Éxito comenzó a implementar cambios significativos en la granja. Uno de los primeros cambios fue la reorganización del proceso de alimentación de los pollos. En lugar de alimentar a los pollos de manera tradicional, se implementó un sistema de alimentación automatizado que dosificaba la comida de manera precisa y eliminaba el desperdicio.

Además, se estableció un sistema de gestión visual en toda la granja para ayudar a los trabajadores a identificar problemas y reaccionar rápidamente. Esto incluía indicadores clave de rendimiento que mostraban el progreso en tiempo real y permitían tomar decisiones informadas.

El equipo también se enfocó en la capacitación del personal. Se crearon programas de capacitación para mejorar las habilidades y el conocimiento de los trabajadores en áreas críticas, como el manejo de aves y la limpieza de instalaciones. La capacitación no solo mejoró la calidad del trabajo, sino que también aumentó la moral del equipo.

Resultados Asombrosos: Mayor Eficiencia y Calidad del Producto

Los resultados de la implementación de Lean en la granja fueron asombrosos. La producción de aves aumentó significativamente debido a la mejora en la eficiencia de la alimentación y la reducción del desperdicio de alimento. Además, la calidad del producto mejoró notablemente gracias a la estandarización de los procesos.

En el primer año de implementación de Lean, Aves de Éxito logró reducir los costos de producción en un 15%. Esto no solo mejoró la rentabilidad de la granja, sino que también les permitió mantener precios competitivos en el mercado.

Lecciones Aprendidas: La Importancia de la Innovación y la Mejora Continua

La historia de Roberto y Aves de Éxito es un testimonio del poder de la innovación y la mejora continua en cualquier industria, incluso en la tradicional producción avícola. Roberto aprendió que, para mantenerse competitivo y sostenible, era necesario desafiar las prácticas arraigadas y buscar constantemente formas de mejorar.

A lo largo de los años, Aves de Éxito ha seguido aplicando los principios Lean y buscando formas de innovar en su proceso de producción. Roberto y su equipo han demostrado que la mejora continua es un viaje constante, y están comprometidos a mantener el legado de la granja durante muchas generaciones más.

Conclusiones: Un Futuro Brillante para Aves de Éxito

Hoy en día, Aves de Éxito es un modelo de eficiencia y calidad en la producción de aves de corral. La granja ha mantenido su posición como líder en la región y ha expandido su presencia en el mercado nacional. La historia de Roberto y su granja avícola es un recordatorio de que la innovación y la mejora continua pueden llevar a resultados asombrosos, incluso en industrias tradicionales. Con visión, compromiso y un enfoque constante en la excelencia, cualquier negocio puede transformarse y prosperar en un mundo cada vez más competitivo.

Historia 4: "Mejorando la Eficiencia en una Pastelería Boutique"

En el corazón de la ciudad, en una pintoresca esquina, se encontraba la pastelería boutique "Dulces Sueños". Esta pequeña pastelería era conocida por sus exquisitos pasteles, deliciosos postres y un ambiente acogedor que atraía a clientes de todas partes. Sin embargo, detrás de la fachada encantadora y los aromas tentadores, la pastelería enfrentaba desafíos que amenazaban su capacidad para prosperar en un mercado competitivo.

Laura Torres, la propietaria y pastelera principal de Dulces Sueños, tenía una pasión por la pastelería que había heredado de su abuela. Durante años, había dirigido la pastelería con amor y dedicación, creando delicias que hacían las delicias de sus clientes. Sin embargo, a medida que la popularidad de la pastelería crecía, también lo hacían los desafíos operativos.

El Desafío: Eficiencia en la Producción y Tiempos de Entrega

El principal desafío que enfrentaba Laura era la eficiencia en la producción y la gestión de los tiempos de entrega. Dulces Sueños se había ganado una reputación por sus pasteles personalizados, pero cada vez más clientes se quejaban de que los pedidos no se entregaban a tiempo. Laura se esforzaba por mantener la calidad de sus productos, pero la creciente demanda y los procesos desorganizados estaban afectando su capacidad para cumplir con los plazos de entrega.

La pastelería también enfrentaba problemas de costo. Los ingredientes de alta calidad y el personal capacitado eran costosos, y Laura luchaba por mantener los márgenes de beneficio mientras cumplía con las expectativas de sus clientes.

La Solución Lean: Enfocarse en la Eficiencia y la Organización

Laura había oído hablar de la metodología Lean a través de un amigo que había aplicado estos principios en su negocio de manufactura. Aunque al principio parecía que Lean se centraba en la producción de bienes manufacturados, Laura estaba convencida de que los principios Lean también podrían aplicarse a la pastelería para abordar sus desafíos operativos.

Decidió que era hora de tomar medidas y aplicar los principios Lean en Dulces Sueños. El primer paso fue reunir a su equipo y compartir su visión de mejorar la eficiencia y la calidad en la pastelería. Todos los miembros del equipo estaban dispuestos a probar algo nuevo para ayudar a la pastelería a crecer y prosperar.

Laura y su equipo comenzaron por realizar un análisis en profundidad del proceso de producción en Dulces Sueños. Observaron cada paso, desde la recepción de los pedidos hasta la entrega de los productos. Registraron meticulosamente los tiempos de producción, identificaron áreas de ineficiencia y buscaron oportunidades para mejorar.

Lo que encontraron fue revelador. Había cuellos de botella en la preparación de ingredientes, falta de organización en la gestión de pedidos y tiempos de entrega prolongados. Además, el proceso de comunicación entre el equipo de cocina y el personal de ventas no era eficiente, lo que provocaba errores y retrasos en la producción.

Con los datos y observaciones en mano, Laura y su equipo comenzaron a implementar cambios significativos en la pastelería. Uno de los primeros cambios fue la reorganización del área de preparación de ingredientes. Se estableció un sistema de almacenamiento más eficiente y se mejoró la gestión de inventario para garantizar que los ingredientes estuvieran siempre disponibles y en las cantidades adecuadas. También se implementó un sistema de gestión de pedidos más eficiente. Se estableció un flujo de trabajo claro para procesar los pedidos, desde la recepción hasta la preparación y la entrega. Se asignaron responsabilidades específicas a los miembros del equipo para garantizar que los pedidos se manejaran de manera eficiente.

Además, se mejoró la comunicación entre el equipo de cocina y el personal de ventas. Se establecieron reuniones regulares de seguimiento y se implementó un sistema de gestión visual para mantener a todos informados sobre el estado de los pedidos.

Resultados Asombrosos: Entregas a Tiempo y Mayor Satisfacción del Cliente

Los resultados de la implementación de Lean en Dulces Sueños fueron asombrosos. La pastelería logró reducir significativamente los tiempos de entrega, cumpliendo con los plazos de entrega de manera consistente. Esto mejoró la satisfacción del cliente y generó comentarios positivos que atrajeron a nuevos clientes.

La eficiencia en la producción también se tradujo en una reducción de los costos operativos. Dulces Sueños pudo mantener su compromiso con la calidad de los ingredientes y la capacitación del personal mientras mantenía márgenes de beneficio saludables.

Lecciones Aprendidas: La Importancia de la Eficiencia y la Comunicación

La historia de Laura y Dulces Sueños es un testimonio del poder de la eficiencia y la comunicación en un negocio. Laura aprendió que, para crecer y mantenerse competitiva, era fundamental optimizar los procesos y mejorar la comunicación dentro de su equipo.

La pastelería pasó de enfrentar retrasos en la entrega y problemas de calidad a ser conocida por su puntualidad y calidad consistente. Los clientes confiaban en que sus pedidos se manejarían de manera eficiente y que recibirían productos de alta calidad.

Conclusiones: Un Futuro Dulce para Dulces Sueños

Hoy en día, Dulces Sueños sigue siendo una pastelería de renombre en la ciudad. Laura y su equipo han mantenido su compromiso con la mejora continua y la eficiencia en la producción. La historia de Laura y su pastelería boutique es un recordatorio de que, independientemente del sector, la aplicación de principios Lean puede llevar a resultados asombrosos. Con dedicación, visión y un enfoque constante en la excelencia, cualquier negocio puede transformarse y prosperar en un mercado cada vez más competitivo.

Historia 5: "Optimizando la Experiencia del Cliente en un Call Center"

En el corazón de la bulliciosa ciudad, en un edificio moderno de oficinas, se encontraba el centro de llamadas "ComuLínea". Esta empresa proporcionaba servicios de atención al cliente para una variedad de empresas en sectores que iban desde telecomunicaciones hasta comercio electrónico. Si bien ComuLínea tenía una sólida base de clientes, estaba luchando con un desafío crítico: la insatisfacción de los clientes debido a tiempos de espera prolongados y una calidad de servicio inconsistente.

Carlos Mendoza, el director general de ComuLínea, había estado al frente de la empresa durante varios años. Había visto cómo crecía y se expandía, pero también había observado cómo los problemas relacionados con la satisfacción del cliente se volvían cada vez más prominentes. La competencia en la industria de los centros de llamadas era feroz, y Carlos sabía que para mantenerse competitivos, debían tomar medidas audaces.

El Desafío: Satisfacción del Cliente y Eficiencia Operativa

El principal desafío que enfrentaba Carlos era la insatisfacción de los clientes debido a tiempos de espera prolongados y una calidad de servicio inconsistente. Los clientes se quejaban de largos tiempos de espera para hablar con un representante de servicio al cliente y de respuestas ineficaces a sus problemas y preguntas.

Estos problemas no solo afectaban la satisfacción del cliente, sino que también generaban altos niveles de rotación de personal entre los agentes de atención al cliente. Los agentes se sentían abrumados por la cantidad de llamadas entrantes y la presión para resolver problemas rápidamente.

La Solución Lean: Enfocarse en la Eficiencia y la Experiencia del Cliente

Carlos había oído hablar de la metodología Lean a través de un colega que había aplicado estos principios en su empresa de manufactura. Aunque inicialmente parecía que Lean estaba más orientado hacia la producción de bienes, Carlos estaba convencido de que los principios Lean también podían aplicarse al sector de los centros de llamadas para abordar sus desafíos operativos y mejorar la experiencia del cliente.

Carlos decidió que era hora de tomar medidas y aplicar los principios Lean en ComuLínea. El primer paso que dio fue reunir a su equipo de gestión y compartir su visión de mejorar la eficiencia y la calidad del servicio al cliente. Todos estaban dispuestos a probar algo nuevo para ayudar a la empresa a superar sus desafíos.

Carlos y su equipo comenzaron por realizar un análisis en profundidad de los procesos en ComuLínea. Observaron cada paso, desde la recepción de llamadas hasta la resolución de problemas. Registraron meticulosamente los tiempos de espera, identificaron áreas de ineficiencia y buscaron oportunidades para mejorar.

Lo que encontraron fue revelador. Había múltiples cuellos de botella en el proceso de atención al cliente. Las llamadas entrantes se distribuían de manera desigual entre los agentes, lo que generaba tiempos de espera prolongados para algunos clientes y una sobrecarga para otros. Además, los procedimientos de resolución de problemas no estaban estandarizados, lo que llevaba a respuestas inconsistentes.

Con los datos y observaciones en mano, Carlos y su equipo comenzaron a implementar cambios significativos en ComuLínea. Uno de los primeros cambios fue la reorganización de la distribución de llamadas. Se implementó un sistema de enrutamiento inteligente que distribuía las llamadas de manera más equitativa entre los agentes, lo que redujo los tiempos de espera y la carga de trabajo desigual.

Además, se establecieron procedimientos de resolución de problemas estandarizados y se proporcionó capacitación adicional a los agentes para mejorar sus habilidades de atención al cliente. Se crearon guías claras para abordar una variedad de problemas y situaciones, lo que garantizaba respuestas consistentes y efectivas.

Resultados Asombrosos: Mayor Satisfacción del Cliente y Retención de Personal

Los resultados de la implementación de Lean en ComuLínea fueron asombrosos. La satisfacción del cliente aumentó significativamente debido a los tiempos de espera reducidos y las respuestas más efectivas por parte de los agentes. Los clientes comenzaron a elogiar la mejora en la calidad del servicio. Además, la rotación de personal entre los agentes de atención al cliente disminuyó notablemente. Los agentes se sintieron menos abrumados y más capacitados para manejar las llamadas entrantes, lo que mejoró su satisfacción laboral y su compromiso con la empresa.

Lecciones Aprendidas: La Importancia de la Eficiencia y la Estandarización

La historia de Carlos y ComuLínea es un testimonio del poder de la eficiencia y la estandarización en un negocio de servicios. Carlos aprendió que, para mejorar la satisfacción del cliente y retener a su personal, era fundamental optimizar los procesos y estandarizar los procedimientos.

La empresa pasó de enfrentar quejas de clientes y alta rotación de personal a ser conocida por su excelente servicio al cliente y su compromiso con su equipo. ComuLínea demostró que la aplicación de los principios Lean puede tener un impacto significativo en la industria de los centros de llamadas.

Conclusiones: Un Futuro Brillante para ComuLínea

Hoy en día, ComuLínea es un referente en la industria de centros de llamadas, conocida por su eficiencia y calidad en la atención al cliente. Carlos y su equipo han mantenido su compromiso con la mejora continua y la satisfacción del cliente. La historia de Carlos y su empresa es un recordatorio de que, independientemente del sector, la aplicación de principios Lean puede llevar a resultados asombrosos. Con dedicación, visión y un enfoque constante en la excelencia, cualquier negocio puede transformarse y prosperar en un mercado cada vez más competitivo.

Historia 6: "Eficiencia Operativa en un Call Center de Soporte Técnico"

En una moderna zona empresarial de la ciudad, se encontraba el call center "TechHelp". Esta empresa proporcionaba servicios de soporte técnico para una variedad de empresas de tecnología en todo el mundo. A pesar de tener una base de clientes leales, TechHelp se enfrentaba a desafíos críticos relacionados con la eficiencia operativa y la satisfacción del cliente.

Ana López, la gerente de operaciones de TechHelp, estaba al frente del call center desde hacía varios años. Había escalado desde una posición de agente de soporte técnico y conocía los desafíos y complejidades de la industria. Durante su mandato como gerente, había visto cómo la empresa crecía y se expandía, pero también había notado que los problemas relacionados con la eficiencia y la satisfacción del cliente se volvían cada vez más prominentes.

El Desafío: Eficiencia Operativa y Satisfacción del Cliente

El principal desafío que enfrentaba Ana era la eficiencia operativa y la satisfacción del cliente. TechHelp tenía un equipo de agentes altamente capacitados, pero los tiempos de espera para los clientes que necesitaban asistencia eran a menudo largos. Esto generaba frustración entre los clientes y afectaba negativamente su experiencia con la empresa.

Además, los procesos internos de TechHelp no estaban optimizados. La asignación de casos a los agentes no era eficiente, lo que resultaba en tiempos de respuesta desiguales y una sobrecarga para algunos agentes y departamentos, mientras otros tenían un flujo de trabajo más ligero.

La Solución Lean: Enfocarse en la Eficiencia y la Experiencia del Cliente

Ana había oído hablar de la metodología Lean a través de un compañero gerente que había aplicado estos principios en su empresa de servicios financieros. Aunque al principio parecía que Lean estaba más orientado hacia la producción de bienes, Ana estaba convencida de que los principios Lean también podrían aplicarse al sector de los call centers para abordar sus desafíos operativos y mejorar la experiencia del cliente.

Ana decidió que era hora de tomar medidas y aplicar los principios Lean en TechHelp. El primer paso que dio fue reunir a su equipo de gestión y compartir su visión de mejorar la eficiencia y la calidad en el call center. Todos estaban dispuestos a probar algo nuevo para ayudar a la empresa a superar sus desafíos. Ana y su equipo comenzaron por realizar un análisis en profundidad de los procesos en TechHelp. Observaron cada paso, desde la recepción de llamadas hasta la resolución de problemas técnicos. Registraron meticulosamente los tiempos de espera, identificaron áreas de ineficiencia y buscaron oportunidades para mejorar.

Encontraron que habían cuellos de botella en el proceso de enrutamiento de casos a los agentes, falta de estandarización en los procedimientos de resolución de problemas y una falta de comunicación efectiva entre los departamentos.

Con la información a su disposición, Ana y su equipo comenzaron a implementar cambios significativos en TechHelp. Uno de los primeros cambios fue la reorganización del proceso de enrutamiento de casos. Se implementó un sistema de enrutamiento inteligente que asignaba casos de manera más equitativa entre los agentes, reduciendo así los tiempos de espera y la sobrecarga de trabajo.

Además, se estandarizaron los procedimientos de resolución de problemas y se proporcionó capacitación adicional a los agentes para mejorar sus habilidades técnicas. Se implementó un sistema de seguimiento y monitoreo para asegurarse de que los casos se resolvieran de manera oportuna y efectiva.

Resultados Asombrosos: Mayor Eficiencia y Satisfacción del Cliente

Los resultados de la implementación de Lean en TechHelp fueron asombrosos. La eficiencia operativa mejoró significativamente, lo que se tradujo en tiempos de espera más cortos para los clientes y una distribución más equitativa de la carga de trabajo entre los agentes. La empresa pudo cumplir con los plazos de respuesta de manera consistente, lo que mejoró la satisfacción del cliente.

Además, la calidad del soporte técnico mejoró drásticamente. Los procedimientos estandarizados y la capacitación adicional garantizaron respuestas técnicas precisas y efectivas, lo que redujo los tiempos de resolución de problemas y aumentó la satisfacción del cliente.

Lecciones Aprendidas: La Importancia de la Eficiencia y la Comunicación

La historia de Ana y TechHelp es un testimonio del poder de la eficiencia y la comunicación en un call center de soporte técnico. Ana aprendió que, para mejorar la satisfacción del cliente y retener a su personal, era fundamental optimizar los procesos y mejorar la calidad del soporte técnico.

La empresa pasó de enfrentar largos tiempos de espera y problemas de eficiencia a ser conocida por su soporte técnico eficiente y efectivo. TechHelp demostró que la aplicación de los principios Lean puede tener un impacto significativo en la industria de los call centers de soporte técnico.

Conclusiones: Un Futuro Prometedor para TechHelp

Hoy en día, TechHelp es un referente en la industria de soporte técnico, conocido por su eficiencia y calidad excepcionales. Ana y su equipo han mantenido su compromiso con la mejora continua y la satisfacción del cliente. La historia de Ana y su call center de soporte técnico es un recordatorio de que, independientemente del sector, la aplicación de principios Lean puede llevar a resultados asombrosos. Con dedicación, visión y un enfoque constante en la excelencia, cualquier negocio puede transformarse y prosperar en un mercado cada vez más competitivo.

Historia 7: "Reducción de Tiempos de Entrega en una Empresa de Fabricación de Autopartes"

En un rincón de una ciudad industrial, se encontraba la empresa de fabricación de autopartes "AutoTech Solutions". Esta empresa se especializaba en la producción de una amplia variedad de componentes automotrices, desde motores hasta sistemas de frenos, que abastecían a fabricantes de automóviles en todo el país. A pesar de tener una sólida reputación en la industria, AutoTech Solutions enfrentaba un desafío crítico relacionado con los tiempos de entrega.

María González, la directora de operaciones de AutoTech Solutions, tenía una larga historia en la empresa. Había comenzado como ingeniera de producción y había ascendido a su posición actual. Durante su tiempo en la empresa, había observado cómo la compañía crecía y se expandía, pero también había notado que los problemas relacionados con los tiempos de entrega se volvían cada vez más prominentes.

El Desafío: Tiempos de Entrega Prolongados

El principal desafío que enfrentaba María era la prolongación de los tiempos de entrega. A pesar de producir componentes automotrices de alta calidad, AutoTech Solutions a menudo no podía cumplir con los plazos de entrega acordados con los fabricantes de automóviles. Esto generaba insatisfacción entre los clientes y ponía en riesgo relaciones comerciales clave.

La falta de coordinación entre los departamentos de producción y logística era un problema clave. Los pedidos se retrasaban debido a la falta de visibilidad de los procesos internos y a la falta de comunicación entre los equipos.

La Solución Lean: Enfocarse en la Eficiencia y la Coordinación

María había oído hablar de la metodología Lean a través de un colega que había aplicado estos principios en su empresa de manufactura. Aunque inicialmente parecía que Lean estaba más orientado hacia la producción de bienes, María estaba convencida de que los principios Lean también podrían aplicarse a la fabricación de autopartes para abordar los desafíos operativos y mejorar los tiempos de entrega.

María decidió que era hora de tomar medidas y aplicar los principios Lean en AutoTech Solutions. El primer paso que dio fue reunir a su equipo de gestión y compartir su visión de mejorar la eficiencia y la coordinación en la empresa. Todos estaban dispuestos a probar algo nuevo para ayudar a la empresa a superar sus desafíos.

María y su equipo comenzaron por realizar un análisis exhaustivo de los procesos en AutoTech Solutions. Observaron cada paso, desde la recepción de pedidos hasta la entrega de productos terminados. Registraron meticulosamente los tiempos de producción, identificaron áreas de ineficiencia y buscaron oportunidades para mejorar. Habían cuellos de botella en el proceso de producción, pérdida de tiempo en el manejo de materiales y una falta de estandarización en los procedimientos. Además, la comunicación entre los departamentos de producción y logística era deficiente, lo que llevaba a retrasos en la entrega.

Con los datos, María y su equipo comenzaron a implementar cambios significativos en AutoTech Solutions. Uno de los primeros cambios fue la reorganización del flujo de producción. Se establecieron rutas de producción más eficientes y se implementó un sistema de gestión visual para que los trabajadores pudieran identificar problemas de manera más rápida y efectiva.

Se mejoró la coordinación entre los departamentos de producción y logística mediante la implementación de reuniones regulares para revisar el estado de los pedidos y abordar cualquier problema de manera inmediata. Se estableció un sistema de seguimiento en tiempo real de los pedidos, lo que permitió una mayor visibilidad de los procesos internos y una toma de decisiones más ágil.

Resultados Asombrosos: Tiempos de Entrega Reducidos y Clientes Satisfechos

Los resultados de la implementación de Lean en AutoTech Solutions fueron asombrosos. Los tiempos de entrega se redujeron de manera significativa, lo que permitió a la empresa cumplir con los plazos de entrega acordados con los fabricantes de automóviles de manera consistente. Esto condujo a clientes más satisfechos y a la consolidación de relaciones comerciales clave.

Además, la eficiencia en la producción también mejoró, lo que se tradujo en costos de producción más bajos y una mayor rentabilidad para la empresa. AutoTech Solutions demostró que la aplicación de los principios Lean puede tener un impacto significativo en la industria de la fabricación de autopartes.

Lecciones Aprendidas: La Importancia de la Eficiencia y la Coordinación

La historia de María y AutoTech Solutions es un testimonio del poder de la eficiencia y la coordinación en una empresa de fabricación de autopartes. María aprendió que, para mejorar los tiempos de entrega y la satisfacción del cliente, era fundamental optimizar los procesos y mejorar la coordinación entre los departamentos.

La empresa pasó de enfrentar problemas de tiempos de entrega prolongados a ser conocida por su cumplimiento puntual y la satisfacción del cliente. AutoTech Solutions demostró que la aplicación de principios Lean puede llevar a una transformación positiva en la industria de la fabricación de autopartes.

Conclusiones: Un Futuro Prometedor para AutoTech Solutions

Hoy en día, AutoTech Solutions es un líder en la industria de fabricación de autopartes, conocido por sus tiempos de entrega reducidos y la satisfacción del cliente. María y su equipo han mantenido su compromiso con la mejora continua y la eficiencia operativa. La historia de María y su empresa es un recordatorio de que, independientemente del sector, la aplicación de principios Lean puede llevar a resultados asombrosos. Con dedicación, visión y un enfoque constante en la excelencia, cualquier negocio puede transformarse y prosperar en un mercado cada vez más competitivo.

Historia 8: "Mejora de la Calidad en la Producción de Autopartes en una Planta de Ensamblaje"

En una amplia zona industrial, se encontraba la planta de ensamblaje de autopartes "AutoPartes Excel". Esta empresa se dedicaba a la fabricación y ensamblaje de una variedad de componentes automotrices, desde sistemas de transmisión hasta sistemas de frenos, que eran suministrados a fabricantes de automóviles de renombre en todo el país. A pesar de tener una sólida reputación en la industria, AutoPartes Excel enfrentaba un desafío crucial relacionado con la calidad de sus productos.

Luis Morales, el gerente de producción de AutoPartes Excel, había estado en la empresa durante muchos años. Comenzó como operario de línea y había avanzado en su carrera hasta llegar a su posición actual. Durante su tiempo en la empresa, había observado cómo la compañía crecía y se expandía, pero también había notado que los problemas relacionados con la calidad de los productos se volvían cada vez más prominentes.

El Desafío: Problemas de Calidad en los Productos

El principal desafío que enfrentaba Luis era la calidad de los productos fabricados en AutoPartes Excel. Aunque la empresa producía componentes automotrices de alta complejidad, la tasa de productos defectuosos había aumentado en los últimos años. Esto generaba insatisfacción entre los clientes y ponía en peligro relaciones comerciales clave.

La falta de un sistema de gestión de calidad efectivo y la falta de estandarización en los procedimientos de producción eran problemas clave. Además, la comunicación entre los departamentos de producción y calidad era deficiente, lo que llevaba a la detección tardía de defectos.

La Solución Lean: Enfocarse en la Calidad y la Estandarización

Luis había oído hablar de la metodología Lean a través de un colega que había aplicado estos principios en su empresa de manufactura. Aunque al principio parecía que Lean estaba más orientado hacia la producción de bienes, Luis estaba convencido de que los principios Lean también podrían aplicarse al ensamblaje de autopartes para abordar los desafíos de calidad y mejorar la eficiencia.

Luis decidió que era hora de tomar medidas y aplicar los principios Lean en AutoPartes Excel. El primer paso que dio fue reunir a su equipo de gestión y compartir su visión de mejorar la calidad de los productos y la eficiencia en la planta. Todos estaban dispuestos a probar algo nuevo para ayudar a la empresa a superar sus desafíos.

Luis y su equipo comenzaron por realizar un análisis exhaustivo de los procesos en AutoPartes Excel. Observaron cada paso, desde la recepción de materias primas hasta el ensamblaje de productos terminados. Registraron meticulosamente las tasas de productos defectuosos, identificaron áreas de ineficiencia y buscaron oportunidades para mejorar. Había falta de estandarización en los procedimientos de producción, pérdida de tiempo en el manejo de materiales y una falta de capacitación adecuada para los operarios. Además, la comunicación entre los departamentos de producción y calidad era deficiente, lo que llevaba a la detección tardía de defectos.

Con las observaciones a su disposición, Luis y su equipo comenzaron a implementar cambios significativos en AutoPartes Excel. Uno de los primeros cambios fue la estandarización de los procedimientos de producción. Se establecieron instrucciones de trabajo claras y se proporcionó capacitación adicional a los operarios para garantizar que todos siguieran los mismos procesos.

Se mejoró la coordinación entre los departamentos de producción y calidad mediante la implementación de reuniones regulares para revisar la calidad de los productos y abordar cualquier problema de manera inmediata. Se estableció un sistema de retroalimentación para que los operarios pudieran informar sobre defectos de manera inmediata y se tomaran medidas correctivas de manera oportuna.

Resultados Asombrosos: Calidad Mejorada y Clientes Satisfechos

Los resultados de la implementación de Lean en AutoPartes Excel fueron asombrosos. La calidad de los productos mejoró de manera significativa, lo que se tradujo en una reducción drástica de los productos defectuosos. Los clientes notaron la mejora en la calidad y la confianza en la empresa se fortaleció.

Además, la eficiencia en la producción también mejoró, lo que se tradujo en costos de producción más bajos y una mayor rentabilidad para la empresa. AutoPartes Excel demostró que la aplicación de los principios Lean puede tener un impacto significativo en la industria del ensamblaje de autopartes.

Lecciones Aprendidas: La Importancia de la Calidad y la Estandarización

La historia de Luis y AutoPartes Excel es un testimonio del poder de la calidad y la estandarización en una planta de ensamblaje de autopartes. Luis aprendió que, para mejorar la calidad de los productos y la eficiencia en la planta, era fundamental estandarizar los procesos y mejorar la comunicación entre los departamentos.

La empresa pasó de enfrentar problemas de calidad y eficiencia a ser conocida por sus productos de alta calidad y eficiencia en la producción. AutoPartes Excel demostró que la aplicación de principios Lean puede llevar a una transformación positiva en la industria del ensamblaje de autopartes.

Conclusiones: Un Futuro Prometedor para AutoPartes Excel

Hoy en día, AutoPartes Excel es un líder en la industria del ensamblaje de autopartes, conocido por su calidad de productos y eficiencia en la producción. Luis y su equipo han mantenido su compromiso con la mejora continua y la satisfacción del cliente. La historia de Luis y su empresa es un recordatorio de que, independientemente del sector, la aplicación de principios Lean puede llevar a resultados asombrosos. Con dedicación, visión y un enfoque constante en la excelencia, cualquier negocio puede transformarse y prosperar en un mercado cada vez más competitivo.

Historia 9: Optimización en la Producción de Autopartes: Un Camino hacia la Eficiencia

En el corazón de una zona industrial en pleno crecimiento, se alzaba la fábrica "AutoPartes Pro". Esta empresa se especializaba en la producción de una amplia gama de autopartes, desde componentes de motores hasta sistemas de frenos, que abastecían a fabricantes de automóviles de renombre en todo el país. Aunque AutoPartes Pro tenía una sólida reputación en la industria, enfrentaba desafíos importantes relacionados con la eficiencia en la producción y la gestión de inventario.

Carlos Rodríguez, el director de operaciones de AutoPartes Pro, había estado involucrado en la empresa durante más de dos décadas. Había ascendido desde una posición en la línea de producción y conocía los entresijos de la fabricación de autopartes. Durante su tiempo como director de operaciones, había observado cómo la empresa crecía y se expandía, pero también había notado que los problemas relacionados con la eficiencia y la gestión de inventario se volvían cada vez más apremiantes.

El Desafío: Eficiencia en la Producción y Gestión de Inventarios

El principal desafío que enfrentaba Carlos era la eficiencia en la producción y la gestión de inventarios. AutoPartes Pro se enorgullecía de producir autopartes de alta calidad, pero los costos de producción estaban aumentando constantemente debido a procesos desorganizados y tiempos de producción prolongados. Además, la empresa tenía dificultades para mantener un inventario óptimo y gestionar adecuadamente la demanda fluctuante de sus productos.

La falta de coordinación entre los departamentos de producción y de ventas también era un problema. Esto resultaba en una falta de visibilidad en tiempo real de la demanda, lo que llevaba a retrasos en la producción y a veces a la falta de productos para cumplir con los pedidos de los clientes.

La Solución Lean: Enfocarse en la Eficiencia y la Gestión de Inventarios

Carlos había oído hablar de la metodología Lean a través de un colega que había aplicado estos principios en su empresa de manufactura. Aunque inicialmente parecía que Lean estaba más orientado hacia la producción de bienes manufacturados, Carlos estaba convencido de que los principios Lean también podrían aplicarse a la fabricación de autopartes para abordar sus desafíos operativos y mejorar la gestión de inventarios.

Carlos decidió que era hora de tomar medidas y aplicar los principios Lean en AutoPartes Pro. El primer paso que dio fue reunir a su equipo de gestión y compartir su visión de mejorar la eficiencia y la calidad en la fábrica. Todos estaban dispuestos a probar algo nuevo para ayudar a la empresa a superar sus desafíos.

Carlos y su equipo comenzaron por realizar un análisis exhaustivo de los procesos en AutoPartes Pro. Observaron cada paso, desde la recepción de materias primas hasta la entrega de productos terminados. Registraron meticulosamente los tiempos de producción, identificaron áreas de ineficiencia y buscaron oportunidades para mejorar. Había cuellos de botella en el proceso de producción, pérdida de tiempo en el manejo de materiales y una falta de estandarización en los procedimientos. Además, la comunicación entre los departamentos de producción y ventas era deficiente, lo que llevaba a retrasos en la producción y la falta de visibilidad de la demanda.

Con los hallazgos, Carlos y su equipo comenzaron a implementar cambios significativos en AutoPartes Pro. Uno de los primeros cambios fue la reorganización del flujo de producción. Se establecieron rutas de producción más eficientes y se implementó un sistema de gestión visual para que los trabajadores pudieran identificar problemas de manera más rápida y efectiva.

Se mejoraron los procedimientos de gestión de inventarios y se implementó un sistema de pronóstico de la demanda más preciso. Esto permitió a la empresa mantener un inventario óptimo y prever mejor las fluctuaciones en la demanda. Además, se mejoró la comunicación entre los departamentos de producción y ventas, lo que permitió una planificación más precisa y una producción más ágil.

Resultados Asombrosos: Mayor Eficiencia y Gestión de Inventarios Optimizada

Los resultados de la implementación de Lean en AutoPartes Pro fueron asombrosos. La eficiencia de producción mejoró de manera significativa, lo que se tradujo en tiempos de producción más cortos y menores costos. La empresa pudo cumplir con los plazos de entrega de manera consistente, lo que fortaleció su relación con los fabricantes de automóviles.

Además, la gestión de inventarios se optimizó, lo que permitió a AutoPartes Pro mantener un inventario óptimo y reducir los costos asociados con el almacenamiento de productos. La empresa pudo satisfacer la demanda de manera eficiente, sin agotar el inventario ni incurrir en exceso de existencias.

Lecciones Aprendidas: La Importancia de la Eficiencia y la Colaboración

La historia de Carlos y AutoPartes Pro es un testimonio del poder de la eficiencia y la colaboración en una fábrica de autopartes. Carlos aprendió que, para mejorar la rentabilidad y la gestión de inventarios de la empresa, era fundamental optimizar los procesos y mejorar la comunicación entre los departamentos.

La empresa pasó de enfrentar problemas de eficiencia y gestión de inventarios a ser conocida por su producción eficiente y gestión de inventarios optimizada. AutoPartes Pro demostró que la aplicación de los principios Lean puede tener un impacto significativo en la industria de la fabricación de autopartes.

Conclusiones: Un Futuro Prometedor para AutoPartes Pro

Hoy en día, AutoPartes Pro es un líder en la industria de fabricación de autopartes, conocido por su eficiencia y gestión de inventarios excepcionales. Carlos y su equipo han mantenido su compromiso con la mejora continua y la satisfacción del cliente. La historia de Carlos y su fábrica de autopartes es un recordatorio de que, independientemente del sector, la aplicación de principios Lean puede llevar a resultados asombrosos.

Historia 10: Transformación en una Fábrica de Autopartes, mejorando la Eficiencia y la Calidad

En las afueras de una ciudad industrial, se encontraba la fábrica de autopartes "AutoTech". Esta empresa había estado operando durante décadas, proporcionando una amplia gama de piezas y componentes automotrices a fabricantes de automóviles en todo el país. Sin embargo, en medio de la creciente competencia y los desafíos económicos, AutoTech se encontraba en una encrucijada.

Javier Sánchez, el director de operaciones de AutoTech, tenía una larga historia en la empresa. Había comenzado su carrera en la fábrica como ingeniero de producción y había ascendido a su posición actual. Durante años, había observado cómo la empresa crecía y se expandía, pero también había visto cómo los problemas relacionados con la eficiencia y la calidad se volvían cada vez más prominentes.

El Desafío: Eficiencia en la Producción y Control de Calidad

El principal desafío que enfrentaba Javier era la eficiencia en la producción y el control de calidad. AutoTech tenía una sólida reputación por la calidad de sus productos, pero los costos de producción estaban aumentando constantemente debido a procesos desorganizados y tiempos de producción prolongados. Además, la empresa estaba luchando por cumplir con los plazos de entrega de los pedidos, lo que estaba afectando su relación con los fabricantes de automóviles.

El control de calidad también se había vuelto un problema. A medida que la producción aumentaba, era cada vez más difícil mantener altos estándares de calidad de manera consistente. Los defectos y las devoluciones de productos estaban aumentando, lo que generaba costos adicionales y erosionaba la reputación de AutoTech.

La Solución Lean: Enfocarse en la Eficiencia y la Calidad

Javier había oído hablar de la metodología Lean a través de un amigo que había aplicado estos principios en su empresa de manufactura. Aunque al principio parecía que Lean estaba más orientado hacia la producción de bienes manufacturados, Javier estaba convencido de que los principios Lean también podrían aplicarse a la fabricación de autopartes para abordar sus desafíos operativos y mejorar la calidad.

Javier decidió que era hora de tomar medidas y aplicar los principios Lean en AutoTech. El primer paso que dio fue reunir a su equipo de gestión y compartir su visión de mejorar la eficiencia y la calidad en la fábrica. Todos estaban dispuestos a probar algo nuevo para ayudar a la empresa a superar sus desafíos.

Javier y su equipo comenzaron por realizar un análisis en profundidad de los procesos en AutoTech. Observaron cada paso, desde la recepción de materias primas hasta el empaque de productos terminados. Registraron meticulosamente los tiempos de producción, identificaron áreas de ineficiencia y buscaron oportunidades para mejorar.

Lo que encontraron fue esclarecedor. Había cuellos de botella en el proceso de producción, desperdicio de tiempo en el manejo de materiales y una falta de estandarización en los procedimientos. Además, la comunicación entre los departamentos de producción y control de calidad era deficiente, lo que llevaba a la detección tardía de defectos. Con los insights, Javier y su equipo comenzaron a implementar cambios significativos en AutoTech. Uno de los primeros cambios fue la reorganización del flujo de producción. Se establecieron rutas de producción más eficientes y se implementó un sistema de gestión visual para que los trabajadores pudieran identificar problemas de manera más rápida y efectiva.

Se mejoraron los procedimientos de control de calidad y se proporcionó capacitación adicional al personal para mejorar sus habilidades de inspección. Se implementó un sistema de retroalimentación para que los trabajadores pudieran comunicar problemas de calidad de manera inmediata y se tomaran medidas correctivas de manera oportuna.

Resultados Asombrosos: Mayor Eficiencia y Calidad del Producto

Los resultados de la implementación de Lean en AutoTech fueron asombrosos. La eficiencia de la producción mejoró notablemente, lo que se tradujo en tiempos de producción más cortos y menores costos. La empresa pudo cumplir con los plazos de entrega de manera consistente, lo que fortaleció su relación con los fabricantes de automóviles.

Además, la calidad de los productos mejoró significativamente. La implementación de procedimientos de control de calidad más efectivos y la detección temprana de defectos redujeron drásticamente los productos defectuosos y las devoluciones.

Lecciones Aprendidas: La Importancia de la Eficiencia y la Calidad

La historia de Javier y AutoTech es un testimonio del poder de la eficiencia y la calidad en un negocio de manufactura. Javier aprendió que, para mejorar la rentabilidad y la reputación de la empresa, era fundamental optimizar los procesos y mejorar la calidad de los productos.

La empresa pasó de enfrentar problemas de eficiencia y control de calidad a ser conocida por su producción eficiente y productos de alta calidad. AutoTech demostró que la aplicación de los principios Lean puede tener un impacto significativo en la industria de la fabricación de autopartes.

Conclusiones: Un Futuro Prometedor para AutoTech

Hoy en día, AutoTech es un líder en la industria de fabricación de autopartes, conocido por su eficiencia y calidad excepcionales. Javier y su equipo han mantenido su compromiso con la mejora continua y la satisfacción del cliente. La historia de Javier y su fábrica de autopartes es un recordatorio de que, independientemente del sector, la aplicación de principios Lean puede llevar a resultados asombrosos. Con dedicación, visión y un enfoque constante en la excelencia, cualquier negocio puede transformarse y prosperar en un mercado cada vez más competitivo.

Glosario

Mejora Continua: Un principio fundamental de Lean que implica la búsqueda constante de formas de mejorar los procesos y eliminar el desperdicio.

Desperdicio (Muda): Cualquier actividad o proceso que no agrega valor al producto o servicio final. Los tipos de desperdicio en Lean incluyen el exceso de producción, tiempos de espera, transporte innecesario, sobreprocesamiento, inventario en exceso, movimiento innecesario y defectos.

Valor: Lo que el cliente está dispuesto a pagar por un producto o servicio. La creación de valor es el objetivo central en Lean.

Flujo de Valor: El conjunto completo de actividades requeridas para crear un producto o servicio desde el inicio hasta el final, incluyendo todos los pasos necesarios y el tiempo de procesamiento.

Kaizen: Un concepto japonés que significa "mejora continua". Se refiere a la filosofía de buscar mejoras incrementales y sostenibles en todos los aspectos de una organización.

Justo a Tiempo (JIT): Un principio de Lean que se centra en la producción y entrega de productos justo cuando se necesitan, eliminando el almacenamiento de inventario innecesario.

Takt Time: El tiempo disponible para completar una unidad de producción y satisfacer la demanda del cliente. Se utiliza para establecer el ritmo de producción en función de la demanda.

Kanban: Un sistema visual utilizado en Lean para controlar la producción y el flujo de materiales. Los kanbans son tarjetas o señales que indican cuándo producir o reponer productos.

Poka-Yoke: Un término que se refiere a dispositivos o métodos que evitan errores en el proceso de producción. También se llama "a prueba de errores".

Célula de Trabajo: Un área de producción en la que un grupo de trabajadores realiza todas las operaciones necesarias para producir un producto o una familia de productos, eliminando movimientos innecesarios y tiempos de espera.

Andon: Un sistema visual que utiliza luces o indicadores para señalar problemas o anomalías en el proceso de producción.

Heijunka: El nivelado de la producción para mantener un flujo constante de productos a lo largo del tiempo, evitando picos y valles en la producción.

Jidoka: Un concepto que se refiere a la automatización con un toque humano. Se trata de dar a las máquinas la capacidad de detenerse automáticamente cuando se detecta un problema, permitiendo a los trabajadores intervenir y solucionar el problema.

KPI (Indicadores Clave de Rendimiento): Métricas o medidas utilizadas para evaluar el desempeño y la eficiencia de un proceso o una organización.

Gemba: Un término japonés que se refiere al lugar real de trabajo, donde ocurren las acciones y se crean productos. En Lean, se enfatiza la importancia de estar en el gemba para comprender y mejorar los procesos.

Epílogo

Al llegar al final de este libro, "¿Qué es esa cosa llamada Lean?: Historias de mejora continua", hemos viajado a través de un mundo de transformación, innovación y mejora constante. Hemos explorado ocho historias inspiradoras que abarcan diferentes sectores industriales, desde la avicultura hasta la fabricación de autopartes. En cada una de estas historias, hemos sido testigos de cómo la filosofía Lean ha dejado una huella indeleble en la forma en que operamos, mejoramos y prosperamos en nuestras empresas y vidas.

Cada historia ha presentado desafíos únicos y obstáculos aparentemente insuperables, pero en cada caso, individuos valientes y equipos comprometidos han demostrado que la mejora continua es posible en cualquier entorno. A través de la aplicación de los principios Lean, han logrado resultados asombrosos: desde la reducción de tiempos de entrega en una planta de autopartes hasta la eficiencia operativa en un call center de soporte técnico.

Pero más allá de las historias individuales, estas páginas contienen lecciones valiosas. Hemos aprendido que la mejora continua no es simplemente una metodología, sino una mentalidad arraigada en la búsqueda constante de la excelencia. Hemos descubierto la importancia de eliminar el desperdicio, estandarizar procesos y dar a los trabajadores las herramientas y la autonomía para marcar la diferencia.

También hemos explorado conceptos fundamentales de Lean, desde el flujo de valor y el takt time hasta el kaizen y la eliminación de desperdicio. Estos conceptos no solo son aplicables en el ámbito empresarial, sino que también pueden inspirarnos a buscar la mejora constante en nuestras vidas personales y profesionales.

Quiero agradecer a cada uno de ustedes, queridos lectores, por acompañarme en este viaje. Este libro no habría sido posible sin su interés y su deseo de aprender y crecer. Mi familia, mi esposa Yissel y mi hijo Santiago, han sido mi fuente constante de inspiración, y les agradezco su apoyo inquebrantable en esta travesía.

Al concluir estas páginas, los invito a llevar consigo las lecciones de Lean y la pasión por la mejora continua en todo lo que hagan. Recuerden que no importa cuán desafiantes sean los obstáculos, siempre hay una forma de avanzar hacia la excelencia. Lean nos enseña que no hay final para la mejora, y este libro es un testimonio de ese poderoso principio.

Que las historias aquí compartidas les inspiren y les motiven a abrazar la mejora continua en todas las áreas de sus vidas. El camino hacia la excelencia comienza con un solo paso, y cada pequeña mejora nos acerca un poco más a nuestros objetivos.

Con gratitud,

Javier Olivares.

www.ingramcontent.com/pod-product-compliance
Lightning Source LLC
Chambersburg PA
CBHW062251290526
45794CB00006B/2499

* 9 7 9 8 8 6 1 5 4 0 7 5 9 *